大都會文化
METROPOLITAN CULTURE

手作り石けん
樂活，從手作香皂開始

孔棣華 著

自然無負擔的感受，只有手作
才能體驗　一起動手LOHAS吧！

Contents 目錄。

不管是用紙、盒子、玻璃罐，
都可以展現出不同的風情。

生活中還有很多垂手可得的
天然材料可以用來泡澡，
雖然便宜簡單，也能達到
你想要的效果。

前言。

現代人家中往往會有烹飪多次的「回鍋油」，吃了有礙健康，倒掉了污染水質、土壤，將回鍋油製成香皂，不但能做到廢物利用，而且這些自製香皂，因不含磷、界面活性劑等化學藥品，使用時不會造成環境污染，也解決水質、土壤污染的問題，再加上洗淨力強，好處多多。

自製香皂除了有以上功能，還可以滿足女性愛美的需求。相信許多人都有以下經驗，花了大量時間挑選試用市面上的產品，付出為數不少的錢，卻只是個惡夢的開端罷了！而什麼最適合自己、要如何挑選才能省時又省錢？卻沒有一個直接套用的標準！

其實，古代的美女有許多秘方，是她們維持美麗的一貫法則，而持之以恆，卻是永遠不變的道理。

本書中，有許多古人的菁華，可供愛美的美眉及帥哥選擇，自己動手做。做的好壞，漂亮與否，並不會減損你的美麗，重要的是使用天然的配方，呵護你的肌膚。希望大家能夠利用這本書，來調製出最適合自己的清潔用品，讓自己的生活，更有一些浪漫的感覺。

The
handmade
soap book

Preparing For
Making Soap

第1章
準備工作。

所謂「工欲善其事,必先利其器」,

只要準備好材料和道具,

按照書中說明的步驟來做,

手工香皂一點也不難!

準備好之後,

放鬆你的心情,

就可以開始你和手工香皂

的美好相遇了。

工具 Basic Equipment

1. 不鏽鋼鍋或琺瑯鍋一個：加熱油脂用。

2. 攪拌用的棒子一枝。

3. 瓷杯或耐熱容器一個：將氫氧化鈉調入水中用。

4. 分裝用的塑膠容器。

5. 口罩、手套、護目鏡備用。

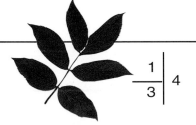

1	4
3	

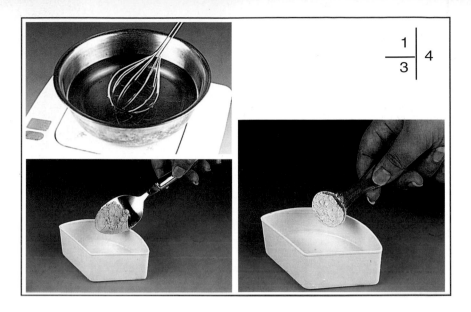

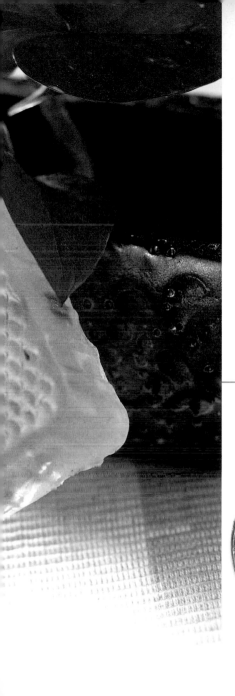

材料

Basic Ingredients

1. 油（動物性或植物性油脂均可）550cc。

2. 氫氧化鈉（苛性鈉）90g，化學材料行有售。

3. 香料（杏仁粉或切細的蘆薈或檸檬皮皆可）。

4. 稀飯或麵粉4湯匙（可有可無，添加係為減低香皂所含鹼性並可使製成之香皂色較白）。

寵愛你的肌膚—從手工香皂開始

11

皂基的作法

How To Make Soap Base

1	2
3	成品

1.將550cc油倒入舊鍋中，以小火加熱至約80度。

2.瓷杯（或耐熱容器）中加入100cc的冷水，慢慢將90g的氫氧化鈉（苛性鈉）慢慢地加入瓷杯（耐熱容器）中，並輕輕攪拌。

3.將瓷杯（或耐熱容器）中的氫氧化鈉（苛性鈉）溶液緩緩倒入裝著油脂的舊鍋。

　　要保持溫度在攝氏80度以下，繼續攪拌至濃稠狀。　注意，此時會冒泡起化學反應。

4.將香料及稀飯（麵粉）加入油鍋中，加300cc的冷水，充分攪拌約15至20分鐘，靜置陰涼處。

取出第一天製作的半成品，再加入400cc的熱水，攪拌約10分鐘，靜置陰涼處。

取出第二天的半成品，分裝在塑膠容器中，放置室內陰涼角落兩個月，

待皂化完全即大功告成，可切塊使用。

氫氧化鈉(苛性鈉)不使用時,應放於塑膠瓶,保持乾燥並置於陰涼處;取用時,以湯匙取用,避免口、眼、皮膚接觸,並遠離孩童。氫氧化鈉(苛性鈉)溶液有腐蝕性,切不可接觸眼睛,否則有失明之虞,若不小心接觸,請以大量清水沖洗並送醫。

寵愛你的肌膚,從手工香皂開始

準備
所需

What You Need

★ 鍋子、攪拌用品、模子、刀子、溫度計

可用爐火或微波爐溶化皂基，選擇適用的鍋子，可使用既有的舊鍋子。

攪拌用品可使用筷子、湯匙等，在添加香精或染色劑時加以攪拌。

★ 皂基、染色劑、香精、乾燥花等等

可在化工材料行購買現成的皂基，除了一般使用的透明及不透明的兩種，另外尚有香皂絲供特別需求使用。香精及乾燥花可依自己的愛好選擇，若有自己深愛的香水、花草茶，也會有不錯的效果哦！

★ 可供選擇的添加物

依照自己的需求，想要保持輕盈的美人，可選擇的添加物有：杜松果、茴香。愛好美白的美人，可選擇牛奶、葡萄籽。預防感冒可選擇的有肉桂、生薑。鎮靜精神可選擇的有薰衣草、佛手柑。想要增添女性媚力，可選擇茉莉、玫瑰。殺菌除蟲時則可添加茶樹、尤加利。

★ 生活中垂手可得的小道具

除了市面上可選擇現成的模子外，生活中有許多的模型可供選擇，如裝咖哩塊、冰淇淋的盒子，布丁的杯子，冰箱中做造型冰塊的模型，甚至免洗碗都會有意想不到的驚喜。

Getting Started

第2章
開始動手作囉。

當您想要製作不同造型和功能的香皂時，

只要融化皂基，

倒入準備好的模型，

或是加入您喜歡的添加物，

就可以創造神奇的變化！

製作手工香皂也可以像是玩遊戲一樣，

別忘了發揮您的想像力，

相信一定可以玩的很盡興！

Basic
Soap Making

自製手工香皂是一個新的嗜好，這些年愈來愈廣受歡迎。原因為何？因為手工香皂是如此的有趣、快速，可立即應用在生活的周圍，它使得你的家中充滿了獨特的香氛，可以符合每個人的愛好；不含鹼，不會造成環境汙染；沒有任何的危險，可以反覆使用。簡單的說，手工自製香皂是最好的新娛樂。

此外，手工香皂是一個適合親子共同參與的遊戲，讓好動的孩子培養一個需要一點耐性的工作，專注於調色、調味的當下，投入一個小小的創意，作品完成時孩子的成就感油然而生。以自製的香皂當禮物，想必也會特別得到受禮者的青睞。

適合添加在手工香皂中的添加物

手工香皂之所以能夠這麼快速的蔓延，除了前述的理由外，還可依照不同的情況添加各種特殊添加物。例如：牛奶可以滋養皮膚，眾所皆知，古代的埃及艷后都以牛奶泡澡；中國古早

時，阿嬤多以燃燒樟腦來驅蟲，在登革熱流行的現代，也會以樟腦製成各式產品來防止蚊蟲叮咬及消腫。在古埃及時代蘆薈被稱為「神祕的植物」，那時它的神奇藥效就已被認定，自古以來一直深受眾人的喜愛。後來傳到健康觀念普及的日本，蘆薈因為具有提升人體自然免疫力的效用，也廣泛的被利用。在醫學不甚發達的時代，以生薑沾米酒推拿扭傷的肢體；現代人為了愛美，以生薑洗頭改善禿頭，洗澡創造美妙的身材。以上種種都說明了，生活中有許多天然的材料可以利用，而在手工香皂中選擇什麼添加物則是依個人需要而定。

★最早的香皂工廠★
第一個受人注意的香皂工廠，是在羅馬帝國時，於義大利龐貝城被挖掘出。

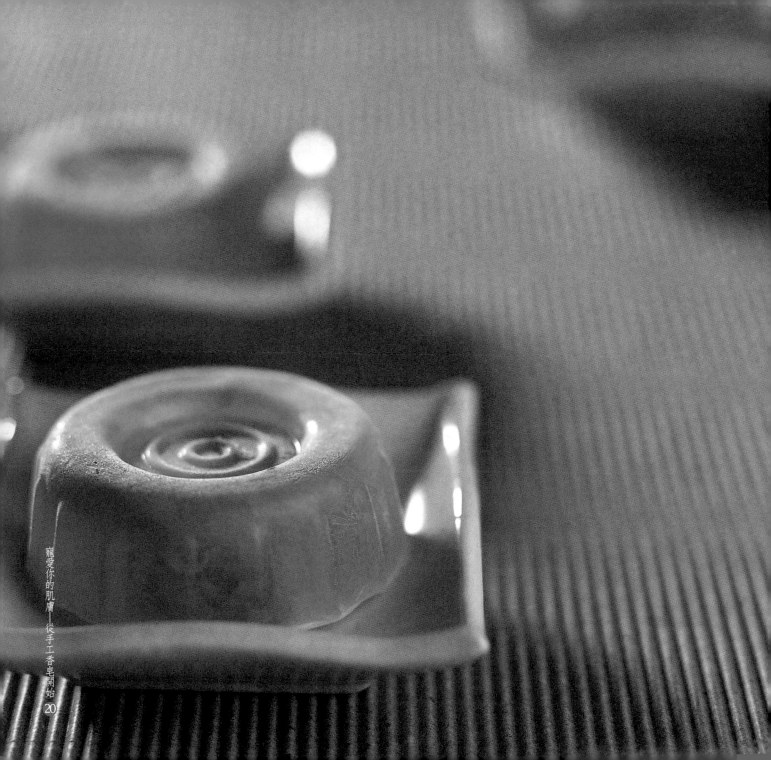

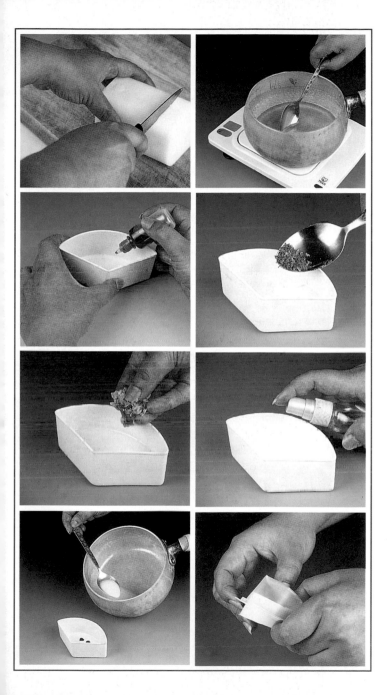

要開始做香皂了嗎？

準備好了材料道具，

放鬆心情，挑選自己喜愛的味道，

擺開陣勢，調好音樂，

讓我們一起來，脫下外套，

鬆開袖子的鈕扣，

拆下整齊的髮髻，

渡過一個魔法的下午。

一、基本動作
Basic Technigues

手工香皂的基本六步驟：

1. 溶化需要的皂基。

2. 添加顏色。

3. 添加香料。

4. 添加其他想添加的物品。

5. 倒入模型中。

6. 凝固後脫模並享受它。

1-1	1-2
2	3
4-1	4-2
5	6

二、製作和保存
香皂的撇步

How To Make
And
Preserve Soup

★溶化皂基

若是使用市面上所販賣的現成皂基，它的含鹼量已經合乎人體使用。若是自己使用回鍋油製成的，必須置於通風處至少六週以上，否則含鹼量太高，對皮膚反而有害。

買回的現成皂基，可以使用微波爐、電磁爐或一般瓦斯爐加熱溶解。不論使用何種加熱工具，都不要使用大火、強微波，一下子加熱至溫度太高，否則香皂會有燒焦的可能。所以為方便溶化，建議切成小塊使用。

★調色及調味

　　手工香皂的成品是用來洗臉或洗手的，所以使用的染劑，要合乎人體使用。另外要提醒您的是，調色完成後加入溶化的皂基中，在冷卻後會有些許的改變（一般來說顏色會較淡）。可用在手工香皂中的調味用品，不勝枚舉。除了可直接選擇喜愛的香精，還可使用平常用的香水、花草（花果）茶汁、現成的沐浴乳等。

　　建議可使用一些天然的添加物，完成後的色澤，可能比使用染劑還好，他們本身的香味也可以為香皂加分。如蜂蜜、肉桂粉、蘆薈汁、綠茶、現榨金桔汁等等。

★精油

　　一般來說精油是以冷榨或蒸餾法自植物中萃取出來的。有的精油在密封瓶內可保存一年，有的則像好酒一樣愈陳愈香。

　　精油本身依其植物特性，而有許多的功用。多年來，專家們在醫療、醫學及生物學上鑽研精油的單獨特性與合成時，對於科學及醫療上的狀態顯示：精油的特性不需要與原植物相同；但運用於植物療法上，則有必要區別治療方式是以內服藥或藉由吸入濃縮精油之芳香療法。

★花草（花果）茶

　　人類的歷史從很久以前就有使用花草茶的記載，不管是五千年前居住在幼發拉底河的蘇美人、古埃及人、希臘人、羅馬人、印第安人的歷史中，或是中國神農本草經都可以看到有關描寫花草茶的內容。什麼是花草茶？所有可食植物的根、莖、葉、花、皮等部位，單獨或綜合乾燥後，加以沖泡的飲料就是花草茶。

　　若以花草入皂，建議可將其切碎後調入溶化皂基中，搭配相似的香精，更能達到您所需要的效果。不論是紓解壓力、調整呼吸道、維持消化系統，或是排毒、幫助排便，抑或是幫助睡眠，都可透過調配花草皂來滿足您的需求。

★入模與脫模

　　皂基在溶化時（尤其是透明皂基），會產生許多細小的泡沫。可以在皂基溶化時，噴灑些許酒精於皂基溶液中。另外在選定要使用的模具後，先用酒精噴於模具中，一方面可消除泡泡，另一方面還方便稍後的脫模動作哦！

　　在脫模時若有困難，可以連同模具一起放入冰箱冷凍庫中，一會兒即可順利脫模。

★結露現象

　　因為皂基中含有甘油的成分，它會吸收附近的水氣，在香皂表面形成所謂的結露現象。所以當香皂製成時，以保鮮膜包裹，或置於密閉容器中，要用時再拿出來。當然，產生結露現象的香皂並不會影響使用，若要送人，則還是要美美的，不是嗎？

Step-By-Step
Soap Making
Projects

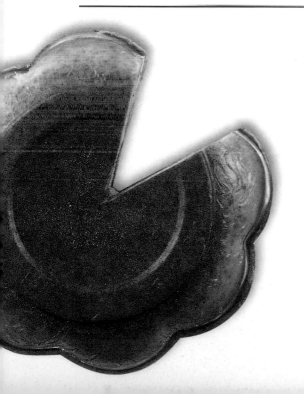

第3章
各種手工香皂的製作方法。

您喜歡愛心還是動物造型？

想要美白瘦身，還是放鬆減壓？

接下來要教您製作各種不同的造型皂和功能皂，

您可以依照自己的喜好，

作出符合需求的手工香皂，

同時獲得極大的成就感，

得到身心舒暢的愉悅。

造型皂

☆圓形蛋糕

Molded
Soap

1. 溶化皂絲做第一層。

2. 溶化不透明皂基，調入第二層顏色。

3. 溶化皂基，調入第三層顏色。

4. 溶化皂基，調入第三層顏色。

　　以皂絲做第一層是因為皂絲無法像皂基完全溶化，它會有小部份保留皂絲的原形，作為第一層好像有作花的效果。第二層以後則由個人自行調整，不論你想要有幾層都可以，但要有創意，比如香草蛋糕，或是各種夾心，如芋泥、布丁、葡萄乾等等。

　　在溶化皂基入模時，要等前一層乾了再開始，否則會變得混亂，那就不好看了。等整條蛋糕都冷卻後脫模切厚片使用，看起來就像一片片的蛋糕。

The handmade
soap book

Tips

要作長條蛋糕，

當然要找長方形的模具啦！

這一款香皂用的是

可口奶滋的餅乾內盒哦！

寵愛你的肌膚—從手工香皂開始

29

☆布丁

Pudding

1.溶化皂基時同時添加蜂蜜。

2.倒入布丁杯中作第一層。

3.再次溶化皂基，添加黃色顏料。

4.添加少許金桔原汁，以增加鮮豔的感覺。

5.倒入布丁杯中作第二層。

6.冷卻後脫模使用。

蜂蜜經過加熱，顏色會較深，味道也具有焦糖的香氣，蜂蜜的添加量稍微多一點，在冷卻後會有一點軟軟的感覺，有點像要流下來的樣子，真的是跟真的一樣。

同法還可以作乳酪杯，步驟要相反囉！因為是不脫模的，所以第一層要用不透明的皂基，不用調色。第二層則可以調成想要的顏色，如草莓、橘子或是藍莓都可以。

調色時要注意，因為調好的顏色在冷卻後，或置入冰箱後會有較淡的情形，多試幾次就ＯＫ啦！

☆最愛米奇

Dear

Micky

1. 溶化皂基。

2. 入模。

3. 脫模後使用。

這款香皂，深受小孩的喜愛，沒什

麼大變化，惟有這個模型。這是個餅乾

模型，在日本迪士尼商店內販售的。

可以一連作幾個，愛怎麼排就怎麼排，

把它送給小孩，會讓不愛洗澡的孩子，

對它也愛不釋手。

寵愛你的肌膚，從手工香皂開始

☆心
Sweet Heart

1. 溶化皂基,調成喜愛的紅色。

2. 以模作成大大小小的心型。

3. 選用較大的模型,

　 將已完成的心排成想要的樣子。

4. 溶化透明的皂基,倒在心的四周。

5. 冷卻後脫模使用。

你是我心中最閃亮的一顆星哦!

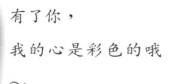

有了你,

我的心是彩色的哦

～

你是否知道,

我的心總是思念著你?

功|能|皂
美白、養顏、延緩老化
Functional Soap

　　雖然西方美女花了大把金錢，去曬出一身古銅色的皮膚，但東方美眉，仍舊一本初衷嚷著「一白遮三醜」。所以對東方人而言，美白是愛美的第一步。如果你相信「沒有醜女人，只有懶女人」這句話，那麼不怎麼勤快的人可別再懈怠，請趕快跟著我一起站起來動動手吧！

　　不管你是想要美白、護膚、或是抗老化，你都可以自己選擇適用的添加物加進製作中的香皂，你也不必為了留住歲月的腳步，而一味的在自己的臉上塗一層又一層的營養品，也不管它是否真的完全吸收或是真的對症下藥哩。

Step-By-Step Soapmaking Projects

寵愛你的肌膚，就從純天然的手工香皂開始

☆絲瓜露皂
Functional Soap

1.溶化皂基。

2.添加香精及顏色。

3.添加絲瓜露。

4.入模。

5.冷卻後脫模使用。

美白第一要件,清爽最重要。絲瓜露本身無色無味,在添加香精及顏色時建議以輕柔的顏色,清爽的味道來搭配,以免搶了主角的風采喲!

另外還有其他類似的萃取物,如黃瓜萃取液及近來很流行的玫瑰水,都具有美白的功效。

The handmade soap book

絲瓜露,在秋天絲瓜季節即將結束時,將絲瓜藤截斷置入瓶中,可得到液汁即為絲瓜露。絲瓜露為天然的化妝水,具有美顏的功效,可去黑斑、漂白。

Functional Soap

☆葡萄籽皂

1. 溶化皂基。
2. 調色、調香味。
3. 加入葡萄籽油。
4. 倒入模型。
5. 定型後脫模使用。

「吃葡萄不吐葡萄皮,不吃葡萄倒吐葡萄皮!」不論吃不吃葡萄皮,葡萄籽倒建議最好能吃下去。因為根據一些專家研究指出,葡萄籽油的主要成分是亞油酸與原花青素。

亞油酸的功效如下:

1. 富含自由基,保護人體器官不易受傷。
2. 有助於吸收維他命 C、E。
3. 增強血液循環系統功能。
4. 有效降低紫外線的傷害。
5. 具美白肌膚之酵素。

原花青素的功效:

1. 原花青素的抗氧化是維生素C的18倍,而且可以增強維生素C的效用,使皮膚代謝良好,減低黑色素囤積,是一種極為天然的防曬物質。
2. 保護肌膚免於紫外線的毒害,並減緩膠原纖維及彈性纖維的退化,使肌膚長期保持應有的彈性,避免皮膚鬆弛及皺紋產生。
   所以,葡萄籽油是極好的美白聖品,對老化肌膚也是功效十足!

寵愛你的肌膚,從手工香皂開始

☆小麥胚芽潔膚皂
Functional

1. 溶化皂基。

2. 添加香精油及顏色。

3. 添加小麥胚芽。

4. 入模。

5. 冷卻後脫模使用。

小麥胚芽潔膚皂不論是使用小麥胚芽油或是小麥胚芽粉均可，其中含有豐富的維他命、礦物質，可美白暗沉無光的肌膚，更能保護肌膚。

適用於乾性或老化肌膚，以補充足夠的油脂，讓皮膚油油亮亮，較不容易讓人看到臉上的細紋，或是皸裂的手指，讓皮膚有彈性不顯鬆弛。

★ 你可以搭配的精油 ★

橙花 具增強細胞活動的特性，能幫助增加皮膚彈性，適合乾性、敏感及成熟型肌膚，用來對抗老化皺紋。

玫瑰 精油之后。能調整身心至最佳狀態。有益女性生殖系統，促進經期正常。最適乾性、敏感肌膚。能幫助皮膚再生，改善膚質。

香水樹（依蘭依蘭） 具放鬆、平靜、催情作用，能加強自信及自我肯定。緩和呼吸並使呼吸深沈。撫慰焦慮狀態、降低高血壓、解除神經緊張。具調整油性及乾性肌膚功能。

花梨木 可穩定中樞神經系統，有全面性的平衡效果。在免疫系統防禦力低落的狀態，能提供身體極佳的抵抗力，比茶樹更能激發免疫力。可顯著改善乾燥、敏感、發炎的皮膚，甚至能抗皺與延緩老化。非常適合極度疲勞的人使用。

☆ 牛奶皂

1. 溶化皂基。

2. 添加精油及顏色。

3. 添加奶粉（可以選擇沐浴用奶粉）。

4. 入模。

5. 冷卻後脫模使用。

Functional Soap

ㄋㄟㄋㄟ做成的香皂你試過了嗎？牛奶不只可以用喝的，也可以當沐浴用品或保養品擦在身體上喔！想成為第二個埃及豔后嗎？那你一定不能錯過這個讓你肌膚鮮嫩欲滴的機會！同時，牛奶皂的成品，會煥發出一股天然奶香味，讓你聞起來就像是個小奶娃耶！

★你可以搭配的精油★
乳香 特別適合幫助老化的肌膚，可以恢復肌膚彈性，減少臉部肌膚鬆弛，減緩皺紋產生。

☆左旋C皂

1. 溶化皂基。
2. 添加香精及顏色。
3. 添加左旋C液。
4. 入模。
5. 冷卻後脫模使用。

　　在新聞中看到一位男藝人，因拍攝現場的不小心，被火紋身，就是用左旋C來做皮膚修護，使他回復平整的面孔。

　　左旋C可使毛孔縮小，幫助半衡油脂的分泌，防止皮膚的氧化，淡化臉上的斑點及臉上的痘疤，回復平滑細緻。

　　維他命C是製造新的膠原蛋白必需之物，但是隨著年齡的增長，皮膚內的維他命C含量會減少。口服的維他命C大多被體內系統用盡而無法達到體內細胞。根據研究顯示，直接塗抹維他命C於肌膚上可增加皮膚內維他命C的含量。

Step-By-Step
Soapmaking Projects

☆迷迭香皂

1. 溶化皂基。
2. 添加香精及顏色。
3. 添加迷迭香。
4. 入模。
5. 冷卻後脫模使用。

Functional
Soap

埃及人視迷迭香為神聖的植物；法國人了解它的抗菌特性，焚燒之以淨化空氣；中國人以其枝葉入袋配之；義大利人則在料理中使用，因為迷迭香可幫助脂肪消化；摩爾人認為它能趕走害蟲；匈牙利皇后以迷迭香洗臉回復年輕。

迷迭香有這麼多的好處，我們怎麼可以不善加利用呢？

不論是花草茶或花果茶，入皂時建議先沖泡成茶汁使用。因為花草及花果入皂時，如果時間一久，會導致保存不易，顏色也會因而變得醜醜髒髒的。

另外也可使用天然的水果汁，如柳丁汁、葡萄汁及蘋果汁，都會有極棒的效果。

寵愛你的肌膚－從手工香皂開始

★來杯花草茶吧★

茉莉花 將花跟茶葉一起沖泡，可達到鬆弛神經的效果，可驅除睡意或焦慮感，對於月經失調及神經性敏感皮膚，有相當療效，常飲可調養內分泌，潤澤膚色。

玫瑰花朵 嬌嫩肌膚及促進肌膚的光滑彈性，同時可消除肌膚緊繃及乾燥敏感，豐富的維他命成份可滋養所需的養份，常飲可幫助促進血液循環。

Basic
Soap Making

Functional Soap

☆蘆薈皂

1. 將蘆薈（補）整片對剖，

   以刮刀將肉連同汁液刮下。

2. 將其肉切碎備用。

3. 溶化皂基，並加入切碎的蘆薈。

4. 調色、調香味。

5. 倒入模型中，

   待定型後脫模使用。

以蘆薈製作香皂，是很好的清潔用品，可治療青春痘、面皰等。

若有傷口時，使用蘆薈皂，

可消炎、消腫、止癢、止痛，並加快癒合的速度。

非常適合油性肌膚的美眉，作為平衡修護使用。其中含有保溼成分，可用來滋潤肌膚，也有殺菌和排毒功用，若能喝上一杯含有蘆薈的冷飲，還可以促進血液循環和新陳代謝，可以讓妳（或你）滿臉的豆花消去，恢復美貌如花呢！

★蘆薈含有以下八大元素★

【木質素】(Lignin)是一種強滲透物質，讓營養素容易滲透進入肌膚。

【皂角甘】(Saponons)具強力清潔與抗菌效力，是天然皂素。

【安特拉歸農綜合體】(Anthraquinone Complex)有消炎、消腫、抑制細菌生長、止癢、止痛等功用。

【礦物質】(Minerals)含有鈣、鎂、磷、鈉、鉀、氯、錳、鋅、銅、鉻等。

【維生素】(Vitamins)含有維他命A、E、C、B群、B1、B2、泛酸、菸鹼酸B6、B12、葉酸、膽素。

【單醣與多醣】(Mono-and-Poly-Saccharin)調整脂肪和蛋白質的新陳代謝，能促進腸胃蠕動 。

【酵素】(Enzymes)能夠幫助腸胃分解食物 。

【胺基酸】(Amino Acid)合成抗體、增加身體抵抗力 。

Step-By-Step
Soapmaking
Projects

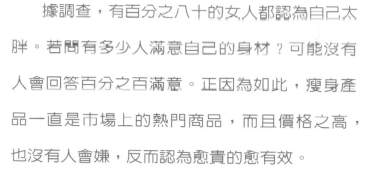

To Slim,
To Shape

☆瘦身、雕塑、促進代謝

據調查，有百分之八十的女人都認為自己太胖。若問有多少人滿意自己的身材？可能沒有人會回答百分之百滿意。正因為如此，瘦身產品一直是市場上的熱門商品，而且價格之高，也沒有人會嫌，反而認為愈貴的愈有效。

　　事實上，有許多的方法，有許多的代用品，可供妳選擇哦！要花多少錢，達到多少尺寸可由妳自己決定。

Functional Soap

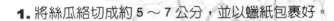

☆ 絲瓜絡皂

1. 將絲瓜絡切成約 5 ～ 7 公分，並以蠟紙包裹好。

2. 將切好裹好的絲瓜絡放在蠟紙上站好。

3. 溶化需要的皂基。

4. 將溶化好的皂基，調色並調香味。

5. 倒進絲瓜絡中，等待乾後脫去蠟紙即可。

　　用絲瓜露可美白，若用絲瓜絡，則是最便宜的去角質工具。絲瓜絡皂完工後，是每週一次美容澡必備品哦！在洗澡時一邊抹上香皂，一邊刷去厚重的角質層，洗完澡的那一刻，皮膚煥發出嬰兒般粉紅色的光澤，讓自己更深愛自己。

　　洗完澡再泡一杯花草茶，不論是具淨化血液、幫助排汗、均衡荷爾蒙等功效來使肌膚恢復元氣！或是活化肝臟機能，提高利尿及排毒作用，清除體內廢棄物，促進新陳代謝！保證讓你由內而外煥然一新。

★來杯花草茶吧！★

【馬鞭草】

強化並刺激肝臟代謝作用，對於神經系統具滋補及鬆弛功效，促進乳汁分泌，緩和多種皮膚病症，提高人體免疫系統，古羅馬人視之爲草藥萬靈丹而廣泛飲用。

【紫羅蘭】

具有清潔肝臟及解除宿醉的效果，對於傷風感冒或消化不良，都有改善作用，常飲還可保持呼吸道黏膜的順暢。

☆ 綠茶皂

1. 溶化皂基。

2. 添加香精及顏色。

3. 添加綠茶粉或茶葉。

4. 入模冷卻。

5. 脫模使用。

好一陣子，許多美眉飲用優酪乳加綠茶粉減肥。

事實上《神農本草》中就已敘述了茶的藥性和作用：

「茶味苦，飲之使人益思、少臥、輕身、明目。」

飲茶的減肥、健美、美容作用已在國內外廣為流傳，

能夠找到許多的實例：

1.飲茶可以幫助消化、降血脂，有減肥的效果。

2.提神醒腦，還可以延年益壽。

3.有明目、利尿及消腫的好處。

4.抗菌消炎。

5.防止動脈硬化及高血壓。

6.阻擋輻射。例如電視和電腦的輻射。

喝茶，好處多多，所以，泡杯茶喝吧！

☆ 海鹽皂

1. 溶化皂基。

2. 添加香精及染劑。

3. 倒入模型。

4. 於皂基將凝未凝時，加入海鹽。

5. 待完全凝固時脫模使用。

幾個世紀以來，死海鹽的療效以及舒緩功效名聞遐邇，也因此一直為世人競相追逐。將沐浴鹽置入浴缸中後，它們將帶來令人通體舒暢的感受，驅走一身的疲憊及壓力。

它們也是精油的最佳良伴，不妨搭配你最鍾愛的精油，進行一場美好難忘的沐浴儀式。以海鹽入皂，用來清潔肌膚，還可以去角質，消除皮下多餘的脂肪，對身體曲線的雕塑也很有幫助喔！

現在市面上有許多已調好顏色及香味的沐浴鹽，若使用這種，就不需要調味及調色了。當然若買最便宜的粗鹽，減肥效果也是一級棒！

☆生薑皂

1. 溶化皂基。

2. 添加香精及染劑。

3. 將生薑粉加入溶化的皂基液中。

4. 定模後，脫模即可。

根據本草綱目記載：薑可活血、逐瘀、散風寒。對風濕痛、腰腿痛有療效，是老年人最佳的沐浴用品。

在醫學不發達的年代，扭傷了手腳時，常使用生薑沾米酒推拿一番；隨著時代進步，薑的應用更有新的突破，除了傳統的食用、藥用以外，現在薑更被製成洗髮精、洗面乳、沐浴精油……等生活用品。再加上新聞報導使用生薑洗髮精清洗頭皮可以改善禿頭；以生薑沐浴乳洗澡或泡澡可以減重，更是引起了消費者一窩蜂的選用。

★切記★
屬於口乾舌燥、滿臉青春痘或少年得「痔」的人，如果喝了大量的薑湯，可能會導致症狀惡化哦！

☆ 減肥精油皂

1. 溶化皂基。

2. 添加精油及顏色。

3. 入模。

4. 冷卻後脫模使用。

可用來減肥的精油有許多種，像肉桂可消除疣類及緊實鬆垮的皮膚；茴香可消除體內因過度飲食及酒精所累積的毒素；薑特別適用於身體水份過多時；杜松果是強而有力的解毒、利尿劑，可減肥。其他還有樺樹、天竺葵、葡萄柚、黑胡椒、松樹、迷迭香等都是可供選擇的精油，因為每種精油有其不同的味道，可依自己的喜好及需求而作調配，但建議一次最多使用三種精油為佳。

若是要用精油按摩，為避免刺激皮膚，以及發揮植物油的延展特性，精油須加上基底油（如甜杏仁油、荷荷芭油和葡萄籽油）稀釋，調配時的濃度以5%為標準，以1ml（20滴）的基底油配上1滴的精油，每次調配以5ml或10ml為單位。

★複方精油小偏方★

減肥、塑身：薰衣草4滴＋葡萄柚5滴＋羅勒3滴

緊實肌膚：檸檬香茅7滴＋薰衣草7滴或香橙5滴＋百里香4滴

增強免疫力：羅文莎葉5滴＋松紅梅3滴＋茶樹2滴

The handmade soap book

☆ 減肥花果茶皂

1. 溶化皂基。

2. 添加精油及顏色。

3. 添加花果茶汁。

4. 入模。

5. 冷卻後脫模使用。

最常被人提及的減肥花果茶包含了有玫瑰花、杜松果、檸檬草、香蜂葉、減脂茶、茴香及芙蓉花等。也可使用市面上現成配好的複方減肥花果茶，它們的顏色及搭配上都有專人研究而成。

洗完了澡泡一杯減肥茶，在淡淡的花果茶香中，整個人由內而外的一致性，想必離目標不遠了吧。

The

handmade
soap book

TO Disinfect
TO Asepticize

☆ 殺菌、消毒、防病菌

腸病毒、SARS、流行性感冒、皮膚乾癢都是現代人必須面對的難題。只是把居家環境整理乾淨是不夠的，還要增加自己的免疫力，才能保持健康。

勤洗手、戴口罩、少去公共場所，是最簡單的做法。但要真的做到完全隔絕，只能說是難上加難，更何況在這麼一個人與人摩肩接踵的時代，怎麼可能都不和人接觸？選用精油來殺菌消毒，是個不錯的選擇。

☆蜂蜜蜂膠皂

1. 溶化皂基。
2. 添加香精及顏色。
3. 添加蜂蜜及蜂膠。
4. 入模。
5. 冷卻後脫模使用。

蜜蜂從各種樹木的皮或嫩芽採集的萃取液，經由本身喉腺分泌物（酵素）混合而成一種黑褐色的膠狀物質，這膠狀物質就稱為蜂膠。蜜蜂會在產卵前將蜂膠塗在巢壁或間隙，保護蜂巢內部，增強殺菌力，使得蜂巢內部維持無菌狀態。

蜂膠中最主要的有效成分是生物類黃酮類，可協助人體組織細胞進行抗氧化、抗發炎、抗組織胺等作用。並具有促進膠原蛋白合成，幫助組織修復、再生的功效。

一般常見的食用蜂蜜中則含有許多有效對於防止疾病的抗氧化物質，而且顏色較深蜂蜜的含量較顏色淺的蜂蜜為高。以蜂蜜製成的護膚品，不但具有豐富的滋潤成分，同時更有殺菌、保濕、治療傷口及抗敏感等多種功能。

蜂膠的來源之一為樹木的汁液，這些汁液從樹皮滲露出來時，慢慢往下流，形成淚水一樣的狀態，故蜂膠又稱是「樹木的淚水」。

The handmade soap book

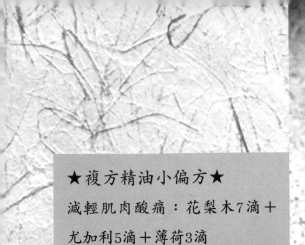

★複方精油小偏方★

減輕肌肉酸痛：花梨木7滴＋
尤加利5滴＋薄荷3滴

流行性感冒：茶樹5滴＋薰衣
草2滴＋羅文莎葉3滴

☆ 殺菌消毒手工皂

1. 溶化皂基。

2. 添加精油及顏色。

3. 入模。

4. 冷卻後脫模使用。

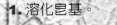

在精油中，茶樹精油有很強的抗炎、抗菌、抗病毒效用；松木精油具清新及刺激興奮作用，對肺部有很強的去痰及殺菌作用；馬努卡是紐西蘭特有的野生茶樹，其抗病毒、抗黴菌和強力的殺菌能力，是茶樹的20倍；百里香有相當甜而且強烈的藥草香，非常強力的殺菌精油之一；佛手柑對皮膚性細菌感染有效；尤加利是很強的抗炎殺菌（特別針對塵蟎）、抗病毒與化痰劑；檸檬也具有天然抗菌性，有助身體抵抗感染，治療傷口等。再叮嚀：最好不要同時選用三種以上。

也可以將選用的精油滴在溫熱手中，做SPA，或是加在稀釋的酒精，做成噴霧，隨時噴一下。

The handmade soap book

To Relax,
To Rest

☆鬆弛神經、好入眠

當因長期壓力或疲倦而引發惱人的頭痛，太緊張導致體力不濟，或是忙碌了一天想要徹底放鬆休息時，您會怎麼做？吃藥、閱讀、喝熱牛奶？建議泡個澡或是選用自己製造的手工香皂洗個澡，放點輕音樂，泡杯花茶，靜靜渡過一個寧靜的夜晚，幫助您進入深深睡眠中。

The handmade soap book

1. 溶化皂基。

2. 添加香精及顏色。

3. 添加人參片、參鬚或人參精。

4. 入模。

5. 冷卻後脫模使用。

☆人參皂

人參依其產地及處理方式有許多種，如花旗參、韓國高麗參、粉光參、白參、紅參等，因為我們是取其香氣，製成香皂沐浴使用，故選用哪種參或哪個部位，都沒有太多的關係。建議選用人參茶粉搭配參鬚，香氣十足又有色澤上的點綴，甚至不另加精油或顏色就很棒了。

美國花旗參：健胃、幫助消化、消除熱氣、滋陰清潤養顏、迅速恢復體力和精神疲勞，對睡眠不足的人士最有幫助。補而不燥，適合任何年齡人士全年四季享用，促進新陳代謝，達到精神飽滿和強身健體之效益。

韓國高麗參：含有許多的抗氧化成分，具增強體力、消除疲勞、抑制老化、美顏、促進腦機能、抗癌等卓越的效果。且對糖尿病、貧血、高低血壓、心藏病、胃腸衰弱、容易感冒等症狀，有醫療的效果。

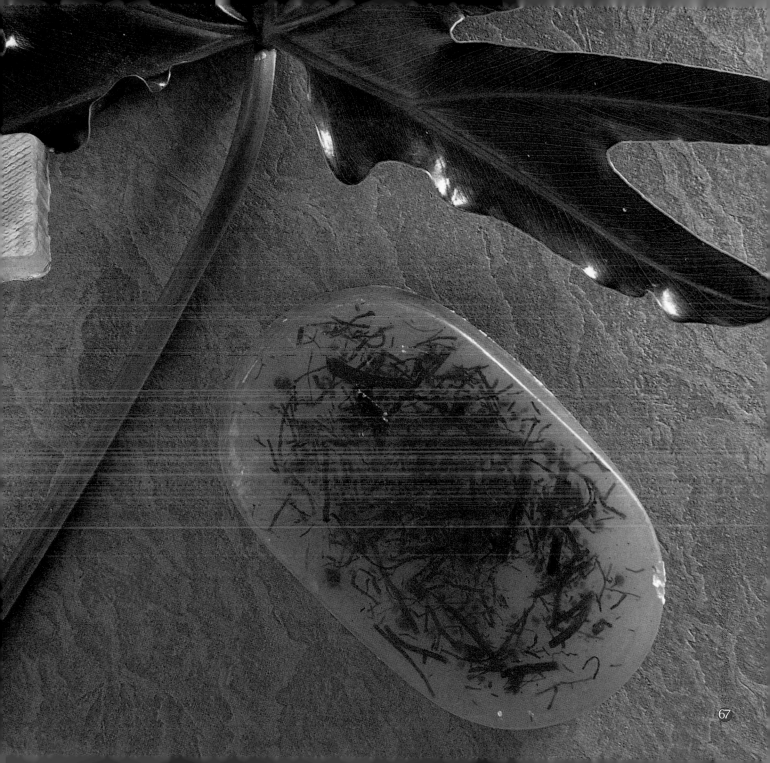

1. 溶化皂基。

2. 添加精油及顏色。

3. 入模。

4. 冷卻後脫模使用。

☆ 鬆弛緊張精油皂

　　佛手柑是有效的神經鎮靜劑，可以舒緩緊張、焦慮，提升自信與勇氣；肉桂對安撫筋疲力竭和虛弱、沮喪功效絕佳；杜松果有鎮定、減輕焦慮、潔淨身心的功能，還可改善面皰、粉刺情況；快樂鼠尾草具有強烈鎮靜、舒適功效，能解除緊張壓力，使肌肉放鬆；更別說薰衣草具鎮定、舒緩、平衡作用，能使緊張情緒恢復平衡狀態。它能幫助睡眠、舒緩頭痛，亦可用於感冒、咳嗽、支氣管炎。沐浴後以精油按摩，效果更佳，更能加速達到您所想要的境界。

The handmade soap book

☆幫助入睡精油皂

1. 溶化皂基。

2. 添加精油及顏色。

3. 入模。

4. 冷卻後脫模使用。

　　洋甘菊可以幫助入眠，改善皮膚過敏；檸檬草對解決失眠問題、鎮靜、消除疲勞也很有效；馬郁蘭則用來緩解壓力焦慮、失眠、經前症候群；香蜂草也具備有改善失眠的功用。

　　建議可於沐浴後點上精油薰香燈，洋甘菊加上薰衣草，味道清香，幫助入睡，睡一個美容覺，永遠保持年輕。

The
handmade
soap book

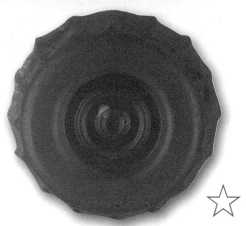

To Refresh
To Antidepress

☆ 提振精神、抗憂慮

夏日的午後，蟬聲唧唧！窗外的樹葉動都不動，熱浪襲來，讓人躲都沒處可躲。哪都不想去，動也不願動，要如何提振精神？

現代人的壓力大，有工作的人煩工作壓力，沒工作的人煩生活壓力；學生煩課業、煩交友，也因此，現代人罹患憂鬱症的比例與日俱增。當緊張或是壓力大時，體力比平常更顯得不支，而且也會破壞神經系統對抗壓力的能力，要如何才能徹底放輕鬆，安寧心緒，重拾愉悅的心境呢？以下為您介紹神奇的香皂配方。

The handmade soap book

The handmade soap book

☆ 肉桂皂

1. 溶化皂基。
2. 添加肉桂粉或肉桂皮。
3. 倒入模型。
4. 待冷卻後脫模使用。

愛好卡布奇諾咖啡的美女，一定深愛著肉桂的香氣，純東方的感受，配上一杯香濃的咖啡，放一曲薩克斯風的音樂，頗有集三千寵愛於一身的感覺。若需要振奮精神、消除疲勞，可於其中添加蜂蜜，效果更好喲！

肉桂是極東方的一種產品。中國肉桂由於使用的部分不同可分成：性溫可發汗驅寒的桂枝（肉桂的嫩枝），溫中散寒的桂丁（肉桂的果實）以及性熱補陽通血賣的肉桂樹皮，即一般所說的肉桂。

肉桂精油屬於非常強的抗菌精油之一。對筋疲力竭和虛弱、沮喪的安撫功效絕佳。它讓人暖和的作用是流行感冒的療方，亦可消除疣類及緊實鬆垮的皮膚。

☆薄荷皂

1. 溶化皂基。

2. 添加精油及顏色。

3. 添加薄荷葉或薄荷精油。

4. 入模。

5. 冷卻後脫模使用。

　　製作薄荷皂，建議使用乾燥的薄荷葉或薄荷精油，因為新鮮的薄荷葉，經過高溫的皂基，較無法長期保持鮮嫩的顏色。薄荷精油可以抵抗憂鬱情緒、鎮定、降溫、促進流汗、幫助呼吸順暢、清除皮膚阻塞、減輕頭部不適、刺激思緒，對油性皮膚也很有效果。

The handmade
soap book

★你可以搭配的精油★

甜橙：具有清新作用，可轉換沮喪心情，增加自信與勇氣，易與他人互動；抗憂慮、止痙攣、使心中平靜。

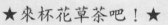

★來杯花草茶吧！★

薄荷葉

可使頭腦清新、振奮心神、幫助腸胃消化、去除脹氣，感冒時可做為驅風劑及發汗劑，並可避免病毒及細菌感染，茶飲或泡澡皆適宜。

桂花

具獨特芳香氣息，可淨化身心，平衡神經系統，特別是驅除體內濕氣，舒暢寧神。

SNOWKITTY WINTER

Sanrio

©1976, 2001 SANRIO CO., LTD.

Creative Idea
For Soap
Packaging

第4章
手工香皂的包裝。

做好的手工香皂除了自用，

還可以分送親朋好友，

不管是用紙、盒子、玻璃罐，都可以展現出不同的風情。

有時候，使用其他禮品的外包裝，不但美觀大方，

更符合手工香皂的特性──環保。

Packaging

美美的香皂完工了，要送禮嗎？如果只是一塊香皂，有點太寒酸了吧！

要怎樣包裝？才能將這份禮物的獨特性發揮到極限呢？用棉紙包裹，讓它表露出東方古典美。用瓶子裝盛，讓受禮者整瓶放在浴室中，以五顏六色的絢爛，陪他渡過許多的日子。用盒子裝，看起來更顯氣派。用再生紙袋裝，繫著緞帶，讓小女孩愛不釋手。附張卡片，寫著行行詩句，讓這份禮物，深得人心。

簡單保鮮膜包裝

因為香皂會有結露現象，所以不管怎樣，完成了就撕一張保鮮膜將香皂包好。

此外，因為手工香皂中有許多的添加物，所以會比較軟，若空氣中的水氣過重，容易顯得濕濕黏黏的，所以用保鮮膜包裹，是最簡單的方法。其實一般買回來的香皂，在包裝內也多半有一層防水蠟紙包著，不是嗎？

The handmade soap book

東方式包裝

東方式的包裝，指的就是棉紙、草繩之類的，你可以像包裝禮盒的方式整個包起，或是單純的只以漂亮的棉紙捲起以草繩或粗毛綿綁個結，或是用雙層的棉紙折個紙捲，將香皂放在中間後束起打個漂亮的蝴蝶結，就會展現出如東方美人一般的優雅氣息。

籃子情結

　　以前常見送禮時提著一籃水果，但水果吃了就沒了。送一籃自製手工香皂，耶～多棒的點子。現在有許多十元店或三十九元店，其中販賣竹籃子或藤編的淺碟，若放上少許的彩紙，再放滿了大大小小的香皂，效果很不賴哦！

再生紙緣

　　曾有人說過，用一張紙前，要想想為了製作這張紙要砍掉一棵樹。所以有一陣子非常流行用再生紙製品。我們也可以用再生紙做一個紙袋子，裝入香皂，將袋口封好，就是一個環保人士的好禮了。

標準禮盒

為了避免垃圾過多，所以要求「重複使用」，因此有乾淨的紙盒子，鋪上彩紙屑或是一塊布，就可以裝香皂了，不論是方的或長的，只要我喜歡，有什麼不可以。裝入袋子或再以包裝紙包裝就美呆了。

瓶瓶罐罐

有天逛書店，看到禮品部有賣玻璃罐，也看到許多學生買回去裝紙星星，我想用來裝香皂，效果一定也一極棒。可以看到裡面五顏六色的香皂，有星星、花朵、葉子。不是比紙星星還有趣嗎。

第5章
美人芳香浴。

除了用自己做的手工香皂洗去一身疲憊、

洗出美麗光彩之外，

生活中還有很多垂手可得的

天然材料可以用來泡澡，

雖然便宜簡單，

但是也能達到瘦身、

提振精神、美白、去角質等等的效果，

又不會增加肌膚的負擔，

還不快試試！

Bathing For
Well-being

生活中垂手可得的沐浴材料

中國人一直到近幾年，才開始享受泡湯的樂趣，一直以來，泡湯的用品，都常是日本進口的溫泉入浴劑，或是後來美國傳入的泡泡澡，享受那好像電影中的美女，全身泡在大小泡泡中伸出一隻美腿的畫面，真是美好呀！

Natural
Materials

小蘇打粉

以約二分之一匙的小蘇打粉溶在溫水中即可浸泡。小蘇打粉，化學名稱為重碳酸鈉，呈弱鹼性，也被稱為「萬用寶」，除了是做糕餅時使用的泡打粉（英文俗稱為baking soda），也是胃灼熱（燒心）時應急的制酸劑。它的價格低廉，所以看不到廠商打廣告，介紹它的妙用。

小蘇打粉能自然分解、無毒性、不會污染環境，且不刺激皮膚。它的功用有：除臭、去油污，還可用來刷牙。將它用在被曬傷或是長疹子的皮膚效果尤其好。

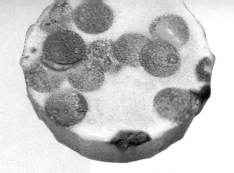

Mint

薄荷

薄荷是一種極好養的植物，如果你喜歡它的味道，可以直接採一兩片葉子，在手中搓揉一下再按摩頸子，可以讓你精神為之一振。同理，我們也可以採個十來片裝在布袋中，掛在水龍頭底下，再開始放熱水，整缸水都會有一股很清新的味道，浸泡起來，可使萎靡的精神，很快的回復，你可以試試看。

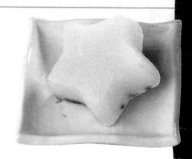

若是家中真的沒有種植新鮮的薄荷，也可以直接使用五到十個左右的花茶包，先以熱水泡開後，再倒入浴缸中的溫水即可。其他如薰衣草茶包、香草茶包、菊花茶等都可比照嘗試。

Natural
Material

寵愛你的肌膚－從手工香皂開始

Milk 牛奶

夏天裡，因為天氣炎熱，所以飲用鮮奶的人多，所以相對價格較高。冬天的鮮奶，價格較夏天低些，但常有一般家庭，買回來忘記喝而過期，怎麼辦？泡澡！以牛奶泡澡，應該不用我多做介紹了吧！但泡過的人絕對了解效果有多好。

醋 Vinegar

醋是可以去除脂肪的，前一陣子很流行喝什麼蘋果醋、水果醋等等，所以說醋可以減肥，應該沒有人不相信吧！一瓶醋若要用來泡澡，可分做二至三次，但不建議以極濃的比例全身浸泡。以醋泡澡，可以深層潔淨、美白、去角質。

像現在，常見美眉穿拖鞋，若是不想露出腳後跟的硬皮，只要以30cc的醋，加入200cc的溫水中，浸泡按摩十五分鐘，你不妨可以試試。

Natural Material

想像一下：一個浴缸，旁邊點了幾枝迎風搖擺的蠟燭，水中漂滿了玫瑰花瓣及浮水蠟燭，空氣中流竄著一股香甜的味道，還沒泡人就已經鬆弛了，有時候只要一些簡單的變化，就可以達到您的要求，不是嗎？

桔子皮

Natural
Material

柑桔類的果皮，在中醫說明中，可以治療喉嚨痛、醒酒、治水腫及口乾舌燥。但有另言則是：它性寒，所以有些時候，有些人可能不適合，所以以其泡澡，效果猶在。

桔子皮還有一個很神奇的功效，就是將橘皮組織中的水代謝，簡單的說，就是它可以撫平橘皮組織。使用時可將桔子皮曬乾後切細條，若怕事後難收拾，可用紗布袋裝著，掛在水龍頭底下放水即可。

用100ML的甜杏仁油加入葡萄柚精油35滴、樺樹精油35滴及茴香30滴，於沐浴後按摩橘皮組織，效果不錯哦！

檸檬

檸檬可以美白、除臭是大家都知道的，但也曾發生過一個案例，因為不了解檸檬酸的強烈，而差點被毀容，但若是將一顆檸檬切薄片，撒在滿浴缸水中，這種酸度是大家都可以接受的，可安心使用。

Suncolor
Health Life

粗鹽

未經精緻化的粗鹽，價格約一斤十元。泡澡的方法則是，先將身體洗乾淨，再將一杯粗鹽倒進浴缸中，以喜愛的溫度溶化，再拿另一杯以溫水溶化後，用來按摩身體，尤其是針對已產生橘皮組織的部位，至發紅的地步，接著，進入浴缸中浸泡至少十五分鐘。

因為鹽能去除污垢和多餘油脂，是很好的清潔劑；鹽也可減肥，用鹽洗澡就有瘦身功能，所以大多數的女性是沐浴鹽的愛好者；日本人所提倡的鹽療法，其中說明鹽還有去角質的功效，它可使皮膚變得細緻。常使用沐浴鹽的人都知道，用鹽洗臉（不可洗得太勤快）、洗腳、洗頭，都可達到美容的效果。

Natural
Material

咖啡

　　若是習慣在家用蒸餾器煮咖啡，可以使用已煮過的咖啡粉，否則可以直接使用三合一的咖啡包，多煮一會兒後倒入浴缸中，直接洗淨身體後浸泡即可。

　　有人愛好咖啡的香氣，但若飲用咖啡過量，可能會導致骨質疏鬆症。而咖啡因中，有一種特殊物質，可以刺激中樞神經或筋肉，使筋肉疲勞消除，工作效率提升，並且讓頭腦反應活潑靈敏。咖啡還可以分解脂肪，所以以其泡澡，既可享受它的香氣，又可以減肥，真是一舉二得。

綠茶

　　有一陣子減肥專家告訴我們將綠茶粉加入優酪乳中可以減肥，於是辦公室中愛美的女性一到中午，就開始了搖搖樂的工作。但妳知道嗎？其實直接以喝到沒什麼味道的綠茶泡澡，效果也是一極棒哦！因為綠茶中的特殊胺基酸，可以幫忙消減脂肪，但切記只有綠茶才有效。

看完本書之後，您有沒有發現，
原來自己動手做，
是一件多麼有趣的事！

而自己做香皂，得到的不只是樂趣，
還包括了成就感、健康的身心、
對保護地球盡了一份心力，
甚至可以促進家人和朋友之間的感情，
多麼划算啊！

Enjoy Life

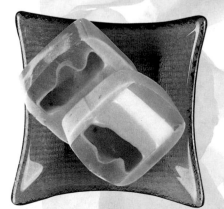

樂活，從手作香皂開始

作　　者：孔棣華
攝　　影：王正毅

發 行 人：林敬彬
主　　編：楊安瑜
編　　輯：黃淑玲 / 蔡穎如
美術編輯：陳文玲
封面設計：瑞比特創意設計 楊意雯

出　　版：大都會文化　行政院新聞局北市業字第89號
發　　行：大都會文化事業有限公司
　　　　　110台北市信義區基隆路一段432號4樓之9
　　　　　讀者服務專線：（02）27235216
　　　　　讀者服務傳真：（02）27235220
　　　　　電子郵件信箱：metro@ms21.hinet.net
　　　　　大都會網　址：www.metrobook.com.tw

郵政劃撥：14050529　大都會文化事業有限公司
出版日期：2007年5月初版
定　　價：220元

I S B N：978-986-6846-07-6
書　　號：Handmade-01

This edition published in 2007 by Metropolitan Culture Enterprise Co., Ltd.
4F-9, Double Hero Bldg., 432, Keelung Rd., Sec. 1, Taipei 110, Taiwan
Tel:+886-2-2723-5216　Fax:+886-2-2723-5220
E-mail:metro@ms21.hinet.net
Web-site:www.metrobook.com.tw

國家圖書館出版品預行編目資料

樂活，從手工香皂開始 / 孔棣華 著. -- 初版. -- 臺北市：大都
會文化, 2007[民96]

面；公分.-(Handmade；1)　　ISBN 978-986-6846-07-6(平裝)
1. 肥皂 - 製造

466.4　　　　　　　　　　　96005102

大都會文化

樂活，從手作香皂開始

北 區 郵 政 管 理 局
登記證北台字第9125號
免 貼 郵 票

大都會文化事業有限公司
讀者服務部收
110台北市基隆路一段432號4樓之9

寄回這張服務卡(免貼郵票)
您可以：
◎不定期收到最新出版訊息
◎參加各項回饋優惠活動

大都會文化 讀者服務卡

書號：Handmade-01　書名：樂活，從手作香皂開始

A.您在何時購得本書：＿＿＿年＿＿＿月＿＿＿日

B.您在何處購得本書：＿＿＿＿＿＿＿書店，位於＿＿＿＿＿＿(市、縣)

C.您購買本書的動機：（可複選）1.□對主題或內容感興趣 2.□工作需要 3.□生活需要 4.□自我進修 5.□內容為流行熱門話題

　6.□其他＿＿＿＿＿＿＿＿＿＿＿

D.您最喜歡本書的：（可複選）1.□內容題材 2.□字體大小 3.□翻譯文筆 4.□封面 5.□編排方式 6.□其他＿＿＿＿＿

E.您認為本書的封面：1.□非常出色 2.□普通 3.□毫不起眼 4.□其他＿＿＿＿＿＿

F.您認為本書的編排：1.□非常出色 2.□普通 3.□毫不起眼 4.□其他＿＿＿＿＿＿

G.您希望我們出版哪類書籍：（可複選）1.□旅遊 2.□流行文化 3.□生活休閒 4.□美容保養 5.□散文小品 6.□科學新知

　7.□藝術音樂 8.□致富理財 9.□工商企管 10.□科幻推理 11.□史哲類 12.□勵志傳記 13.□電影小説

　14.□語言學習（＿＿ 語）15.□幽默諧趣 16.□其他＿＿＿＿＿＿＿＿＿＿＿

H.您對本書(系)的建議：＿＿＿＿＿＿＿＿＿＿＿＿＿＿＿＿＿＿＿＿＿＿＿＿＿＿＿＿＿＿＿＿＿＿＿

I.您對本出版社的建議：＿＿＿＿＿＿＿＿＿＿＿＿＿＿＿＿＿＿＿＿＿＿＿＿＿＿＿＿＿＿＿＿＿＿

讀者小檔案

姓名：＿＿＿＿＿＿＿＿＿　性別：□男 □女　生日：＿＿＿年＿＿＿月＿＿＿日

年齡：□20歲以下 □21～30歲 □31～40歲 □41～50歲 □51歲以上

職業：1.□學生 2.□軍公教 3.□大眾傳播 4.□ 服務業 5.□金融業 6.□製造業 7.□資訊業 8.□自由業 9.□家管 10.□退休

　11.□其他＿＿＿＿＿＿＿＿＿＿＿　＿＿＿＿＿＿＿＿＿＿

學歷：□ 國小或以下 □ 國中 □ 高中／高職 □ 大學／大專 □ 研究所以上

通訊地址：＿＿＿＿＿＿＿＿＿＿＿＿＿＿＿＿＿＿＿＿＿＿＿＿＿＿＿＿＿＿＿＿

電話：（Ｈ）＿＿＿＿＿＿＿＿＿　（Ｏ）＿＿＿＿＿＿＿＿＿　傳真：＿＿＿＿＿＿＿＿

行動電話：＿＿＿＿＿＿＿＿＿　E-Mail：＿＿＿＿＿＿＿＿＿＿＿＿

謝謝您選擇了本書！期待您的支持與建議，讓我們能有更多的聯繫與互動的機會。

也歡迎您加入我們的會員，請上大都會網站www.metrobook.com.tw 登錄您的資料，您將不定期收到最新圖書優惠資訊和電子報。

G⁶/₁